韩　俊　牛卢璐◎编著

科学技术文献出版社
SCIENTIFIC AND TECHNICAL DOCUMENTATION PRESS
·北京·

图书在版编目（CIP）数据

漫话能源 / 韩俊，牛卢璐编著. —北京：科学技术文献出版社，2018.9（2020.7 重印）

ISBN 978-7-5189-4495-8

Ⅰ.①漫… Ⅱ.①韩… ②牛… Ⅲ.①能源—普及读物 Ⅳ.① TK01-49

中国版本图书馆 CIP 数据核字（2018）第 110646 号

漫话能源

策划编辑：张 丹　责任编辑：李 鑫　责任校对：文 浩　责任出版：张志平

出 版 者　科学技术文献出版社
地　　址　北京市复兴路15号　邮编　100038
编 务 部　（010）58882938，58882087（传真）
发 行 部　（010）58882868，58882870（传真）
邮 购 部　（010）58882873
官方网址　www.stdp.com.cn
发 行 者　科学技术文献出版社发行　全国各地新华书店经销
印 刷 者　北京虎彩文化传播有限公司
版　　次　2018 年 9 月第 1 版　2020 年 7 月第 3 次印刷
开　　本　710×1000　1/16
字　　数　66千
印　　张　5.5
书　　号　ISBN 978-7-5189-4495-8
定　　价　39.00元

前 言

说到能源，我们可能对这个概念既熟悉又陌生。其实，它早已不动声色地融入了我们每一个人的生命、生活中。

都说“生命在于运动”，而运动需要能量。就像蒸汽机需要烧煤、内燃机需要汽油、电动机需要电能一样，食物就是我们身体运行的燃料。我们需要通过食物摄取能量，食物就是我们的能源。能源始终伴随着我们生命的全过程，从某种角度，我们可以说“生命在于能源”。

10 000 多年前，我们的祖先，在懵懂间取得并使用了火，并用其点燃了人类文明的征程。千百年来，人类用牛马之力耕田犁地，用水车风磨灌溉加工，开启了古代农业文明；用煤和蒸汽机，开创了近代工业文明的伟大时代；又用绚丽夺目的电，描绘出现代信息文明的宏伟蓝图。我们的出行从马车、牛车变成了汽车、火车、飞机，照明从篝火、烛光变成了白炽灯、节能灯、LED 灯，交流从鸿雁传书变成了视频语音聊天。柴薪、畜力、风力、水力、煤炭、石油和电力等，能源在人类文明每一幕中都扮演着至关重要的角色，源源不断地推动着历史巨轮滚滚向前。

煤炭、石油、电能的发现和使用，在给我们提供极大便利的同时，也使现代社会对化石能源产生了严重的依赖。近百年以来，化石能源的高强度开发和利用，已经产生了一系列严峻的问题，如气候变暖、环境破坏、资源枯竭……让我们陷入了困扰和苦痛。生活在地球村的我们，应该肩负起怎样的责任？推动人类文明存续和发展的未来清洁能源又在哪里？

让我们一起走进能源的世界，看看它们为何同源异曲，有何变脸之术，又是如何与我们如影随形。

目录

第四章 环境危机

第五章 未来能源

参考文献

第一章 能之起源

1 能源是什么？

当你饥肠辘辘、疲惫不堪的时候，是不是特别想来一块巧克力？它不仅能给我们带来甜美的口感，还能带来满满的能量！

我们吃饭、走路、玩耍、上学、写作业、踢足球、上网聊天，甚至睡觉，都需要能量。在自然界，植物生长需要消耗能量，动物捕食和躲避天敌也需要消耗能量。

生物需要能量来维持生命，而没有生命的东西同样需要能量。没有能量，电脑、手机无法启动，日常联系就没有那么方便了；没有能量，空调无法运行，酷热的夏天和寒冷的冬天就会变得分外难熬；没有能量，火车、汽车、飞机和轮船也将寸步难行，去远处旅游度假就只能靠走路了……

没有能量，所有的物体都无法运动、改变或生长。你能想象，假如没有能量，世界会是什么样吗？

那么，世间万物都离不开的能量又是从哪里来的呢？

能量的来源，就是能源，是指那些能够储存能量、提供能量的物质和载体。能源家族里成员众多，下面我们就来认识一下它们吧。

石油：一种黏稠的、深褐色的液体，被称为“工业的血液”。它是一种不可再生的化石燃料，主要被用作燃油，用于驱动汽车、轮船、飞机等各种交通工具。

天然气：一种可以燃烧的气体，也是一种不可再生的化石燃料。它蕴藏在地层中，主要用作燃料，和我们日常生活息息相关，可以用于家庭取暖和食品加热。

煤炭：被人们誉为“黑色的金子”“工业的食粮”，是一种固体可燃性矿物，也是不可再生的化石燃料，用途十分广泛，可以用于家庭取暖及燃烧发电。

核能：又被称为原子能，是通过核反应从原子核释放的能量。核能是一种不可再生的清洁能源，地球蕴藏着比较丰富的核资源，核能是最具希望的未来能源之一。

风能：空气流动所产生的动能，是可再生的清洁能源。运动的风可以为风车和风力发电机提供持续不断的能量，将风能转化为机械能和电能等。

水能：利用水流使物体运行或移动的可再生清洁能源，可以用于发电，是一种非常重要而且前景广阔的资源。

太阳能：取之不尽，用之不竭的太阳热辐射能源，是可再生的清洁能源。我们可以将其采集用于发电，或者为热水器提供能源。

地热能：从地壳抽取的天然热能，来自地球内部的熔岩，是一种可再生的清洁能源。我们可以直接用来加热，也可以用于发电。

生物质能：以生物为载体的能量，如木头、有机肥料等，可以直接用作燃料，也可以转化为其他形式的燃料，是一种可再生能源。

如果你想更多地了解这些能源的身世，一起阅读后面的章节吧，开启我们的漫话能源之旅。

② "火"开启了人类文明？

当我们放学回到家的时候，妈妈肯定准备了一桌热气腾腾、美味可口的饭菜。在美丽的乡村，临近傍晚夜色朦胧的时候，还能看见家家户户炊烟袅袅，一片宁静、和谐的景象。

现代生活，我们的一日三餐，除了那些清爽可口的凉菜，基本上都离不开用火烹饪。你能想象，我们祖先"未有火化，食草木之食，鸟兽之肉，饮其血，茹其毛，未有麻丝，衣其羽皮"这样的原始生活吗？

火是物质在燃烧过程中强烈氧化、发光发热的现象，是能量释放的一种方式。火原本是大自然中的一种自然现象，火山爆发、雷电轰击、长期干旱等，都会燃起自然之火。

人类究竟如何开始懂得用火，至今众说纷纭。

希腊神话中，普罗米修斯为了造福人类，从太阳神阿波罗那里盗走火种，给人类带来了光明。

中国古代传说中，燧人氏钻木取火、教人熟食，结束了华夏先民生吞活剥、茹毛饮血的历史，开创了华夏文明，被奉为"火祖"。

人类文明是从火种的点燃和照亮开始的！

以火熟食：火是最为古老、最为有效的杀毒方式，人类用火烹煮，不仅能让食物更加鲜美适口，而且使食物中的营养成分更加便于消化吸收，加快了人类生理和基因的进化速度，使人类更加容易生存，人口因此而增长。

以火驱寒：火可以发光发热，远古人类大多居住在洞穴里，而火可以驱散洞穴中的潮湿，减少了疾病的发生，降低了死亡率。温暖的篝火帮助人类度过了一个又一个的寒冷冬天，提高了人类生存的概率。

以火阻兽：火是原始人类黑夜里驱赶阻挡虫蛇野兽最有利的工具。原始人用火驱赶洞穴里的野兽，为自己争得了居住的场所，而强烈的火焰也使得野兽不敢靠近，使人类能在黑夜中幸免于猛兽的尖牙利爪。

以火开拓：光芒照亮了黑暗，人类走出了蛮荒时代。大火烧毁了丛林，帮助人类平整出土地；刀耕火种，最初的农业开始发展了。制陶、冶炼，人类在火的帮助下不断发明并改进自己的生产工具。

火改善了人类的生活质量，给予人类更多的安全感，扩展了人类的生活空间。在篝火边载歌载舞的人们开始交流情感、熟练使用语言、发明探索……

“摩擦生火使人类第一次拥有了支配一种自然力的能力，从而最终把人同动物界区分开。”正是火的使用，使人类开始掌握能源这一法宝。

从钻木取火到煤炭替代木材，再到石油开启内燃机时代，人类文明的发展与“火”结下了不解之缘。

3 风是如何吹动世界发展的？

大家一定听说过“风车之国”吧？是的，它就是位于欧洲的荷兰。那里缺乏水力和其他资源，但地处西风带，一年四季盛行西风，风车为这个国家的发展提供了动力，成为荷兰民族文化的象征。荷兰人喜爱风车，2000 多架风车分布在全国各地。荷兰人还把每年 5 月的第 2 个星期六确定为“风车日”。

风是自然界空气流动的现象。古代人类很早就发明了风车这种不需要任何燃料，单纯以风力作为能源的动力机械装置。人类利用风能的历史可以追溯到 2000 多年前。古代的风车，由带有风篷的风轮、支架及传动装置等构成，最初是从船帆发展起来的，具有 6 ～ 8 副像帆船那样的风篷，分布在一根垂直轴的四周，风吹时就像走马灯似的绕轴转动。这种垂直轴走马灯式的风车，虽然效率较低，但中国、古巴比伦及古波斯等地区的先民，很早就利用它们将风能转化为动能，进行提水、灌溉、磨面、舂米。公元前 2 世纪，古波斯人就利用这样的垂直轴风车碾米。中国宋朝时期是应用风车的全盛时代，当时流行的垂直轴风车一直沿用到现在。

经过一系列的改进和发展，先前使用的垂直轴走马灯式风车，逐步被具有水平转动轴的布篷风车和其他立式风车所取代。风轮的转速和功率，可以根据风力的大小，适当改变风篷的数目或受风面积来调整；完备的风车还带有自动调速和迎风装置，由可调节的叶片或梯级横木的轮子所产生的能量来运转。在荷兰，这种风车先被用于莱茵河三角洲湖地和低地的汲水、灌溉，后来又被用于榨油和锯木。

还有一种比风车历史更悠久、几乎遍及全世界的风能利用杰作，那就是帆船。作为使用风帆、以风为动力行驶的水上交通工具，帆船具有5000多年的历史。人类早在新石器时代晚期就已经有了航海活动，风能让人类成功地跨越了大海这道屏障，而帆船在其中起到了重要作用。

一般人往往会认为帆船是被风推着跑的，这不完全正确。其实帆船的最大动力来源是所谓的“伯努利效应”，也正因为如此，当完全顺风航行时，“伯努利效应”消失，帆船反而达不到最快的速度。如果你有兴趣，可以仔细探究一下这个效应的应用，熟悉航行原理，将为你未来驾驶帆船，劈波斩浪，自由驰骋在大洋之上打好理论基础。

在掌握了帆船御风航行的原理之后，人类开始了发现和探索世界之旅。公元1405—1433年，中国明代航海家郑和率领庞大的帆船舰队7次“下西洋”，到达了亚洲和非洲30多个国家。史料中记载郑和的航海“宝船”上有9根桅杆，可以挂12张巨帆，容纳千人，是

当时世界上最大的海船。15 世纪末到 16 世纪初为大航海时代，欧洲人利用木质帆船发现了“新大陆”，开辟了绕道非洲南端到达印度的新航线，并且完成了第一次环球航行，史称“地理大发现”。

风能，这种伟大的力量，不仅推动了人类生产力的发展，便利了人类的生活，还“吹”动了世界文明的交流和融合。

4 水能是古人的低碳智慧吗？

“君不见，黄河之水天上来，奔流到海不复回。”大家一定读过这段大气磅礴的诗句吧！“诗仙”李白的这句唐诗，如同泼墨写意一般，描绘的就是大河之水，奔腾东流，势不可当的场景。

水是人类生活的重要资源，不仅是我们日常饮用的必需，还能用来灌溉农田，解决排污问题。我们人类文明的起源和发展大多和水有关系，而古人很早就注意到了水所蕴含的能量。

人类开发利用水能资源的历史源远流长。考古发现，早在公元前1000年，尼罗河流域、幼发拉底河和底格里斯河流域等古文明发源地就有了利用水力冲动固定桨叶水轮来进行谷物加工、灌水和排水的简易装置。

这是一台至今仍然能在美丽的乡村中见到的水车磨坊。

水的高低落差在重力作用下，势能源源不断地转化成动能，水的动能冲击、推动叶轮，使之不停旋转，再通过动力轴、齿轮等传动机构带动石磨运行。这就是水车磨坊的工作原理。

中国早在汉代，就开始广泛利用水车加工粮食了。汉代思想家桓谭在公元20年左右的著作《新论》中就记载了神话人物伏羲发明研制了水磨。中国古人运用“天人合一”的生态哲学，创制并使用了各种水力机械，显示出了高度的智慧和创造力。

公元31年，东汉南阳太守杜诗发明了水排，利用水力传动机械，使得皮制的鼓风囊可以连续开合。这样的水力鼓风装置，将空气送入冶金炉里，用于铸造各种金属制品。

类似的装置还有水碓，也是在东汉年间发明的。同样是通过水轮的转动，带动杠杆上下做功。古代先民再将粮食稻谷放在底下，一起一落，去皮去壳的工作就轻松完成了。除加工谷物之外，水碓还被用来捶纸浆、碎矿石。但凡需要捣碎之物，都可以利用日夜不息的水碓来完成。

而在公元前2世纪的欧洲，希腊人斐罗也记载和描述了同样的水力机械装置。发展到12世纪初，仅仅在法国就有超过2万台的水能装置，用于碾碎小麦、矿石等，相当于50万名工人所贡献的能量。

古人就是利用了大自然赋予的水能，让自己的生产生活得到了极大的便利。

水是生命之源，是人类赖以生存的、不可缺少的重要物质！千百年来，从生活饮用，到农业灌溉，再到水能利用，人类的发展与水息息相关。时至今日，因为其清洁、环保、可再生的特性，水能依旧是我们人类应用的首选能源。

5 人类还"驯服"了哪些自然力？

你喜欢吃荔枝吗？它可是一种甜美可口、营养丰富的南方水果。"一骑红尘妃子笑，无人知是荔枝来"这个诗词典故，讲的就是古代长途运输的故事。唐代的杨贵妃爱吃荔枝，而那时没有如现在的汽车、飞机这样的快速交通工具，从岭南到古时的长安城，想要吃到这种新鲜的当季水果，就只能用不断地更换人马、快马加鞭的办法来运送了。

如今，大家想要看到马，只能去辽阔的草原，或者附近的动物园了。而在古代，马的地位相当于现在的汽车，是交通运输、农业生产和军事行动等活动的主要运力。

原始人类早已注意到了马矫健的雄姿，并且把它刻画在岩壁之上。马是速度之神，不少原始部族还把马作为崇拜的图腾，希望自己能像马一样英姿飒爽、坚韧强壮。

马也成了人类驯化的对象。根据考证，最早被驯化并被利用的马出现在3000多年前的古巴比伦。赫梯人和亚述人是最早驾驭马车、四处征战的民族。中国商代也出现了装设有辐条的车轮和车厢的马车。

除马之外，马的近亲——驴，以及马和驴的后代——骡，也成为人类驯化和养殖的畜力，被广泛用于工农业生产、生活和交通运输。

正是因为人类广泛使用马作为动力来源，因改良蒸汽机而闻名世界的苏格兰发明家詹姆斯·瓦特将"马力"定义成为功率的单位，目的是通过换算一匹马的工作能力，让大家直观地了解机器的工作能力。如今，"马力"已经成为发动机功率的专用名词。

牛也是人类驯化的重要畜力之一，因其吃苦耐劳的特性，在农业生产中的应用有着悠久的历史。在南方，牛下水田；在北方，牛犁黄土地。

我国关于牛耕形式的记载，最早见于汉代。《汉书·食货志》记载："用耦犁，二牛三人。"描述的就是用两头牛挽犁，三个人进行农耕操作（一人扶犁，一人牵牛，一人控制犁地的深度）。

除了耕地，牛还被用作牵引车辆的动力。先秦时代，车有“大小”之分。“大车”是指用牛拉的车，体积大，主要是拉物品用，普通百姓也偶尔坐坐。“小车”指的是马拉的车，和用牛拉的车相比车厢较小，由2匹马或4匹马拉动着快速行进。

用牛、马做牵引的畜力车比人力车载重大、速度快、行程远，对人类社会的发展起了促进作用，也使人从繁重的劳动中解放出来，成为交通工具的驾驭者。

从此，人类开始去征服和利用更高级别的能源，向更先进的文明迈进！

第二章 地球宝藏

1 煤炭为什么被称为“黑金”？

凿开混沌得乌金，蓄藏阳和意最深。
爝火燃回春浩浩，洪炉照破夜沉沉。
鼎彝元赖生成力，铁石犹存死后心。
但愿苍生俱饱暖，不辞辛苦出山林。

明代于谦的这首《咏煤炭》，非常著名。诗人通过描述煤炭燃烧发光发热的现象，以物喻人，托物言志，表达自己不畏艰辛为民造福之心。

煤炭是一种非常特别的岩石。它很容易就能起火燃烧。如果我们找到一块煤炭，把它放在显微镜下，可以发现煤块中有植物细胞组成的孢子、花粉等；矿工在煤矿的岩石里还能发现植物的化石。这些都可以证明煤炭是由古代植物残骸堆积而成的。千百万年前，陆地上的植物被层层的土壤、淤泥、砂粒所掩埋，在地球的热量和多层岩石的压力下，经历了复杂的生物化学和物理化学变化逐渐形成了固体可燃性沉积岩。

早在2000多年前，中国人就已经开始使用煤炭。最早记载煤炭的名称和产地的著作是先秦古籍《山海经》。在那时，煤炭被称为“石炭”“乌薪”“黑金”“燃石”。东汉末年，煤炭就已经作为重要的燃料进入普通百姓家。宋代，煤炭开采获得了较大的发展，出现了很多大煤矿，并设立了专门负责采煤的机构，政府还实行了煤炭专卖制度。

13世纪著名的意大利旅行家马可·波罗在他的游记里写道：“中国的燃料，既非木，也非草，却是一种黑石头。”可见在古代中国，煤炭的使用已经非常广泛。

古人利用水力、风力，驯化饲养牲口使用动物的肌力，逐渐不能满足社会发展对动力的需求。森林资源的逐渐短缺，也让热能的供应捉襟见肘。

煤炭，登上了历史舞台，并以前所未有的速度推动了技术的发展和创新。

煤炭主要由碳、氢、氧、氮、硫和磷等元素组成，燃烧值比普通木材高，不仅可以用于取暖、照明、冶炼和烹煮，燃烧所产生的热能还可以为机械装置提供动力。

蒸汽机就是一种可以利用煤炭的燃烧把水加热，产生蒸汽，然后

用来做功的动力机械装置。

煤炭和蒸汽机的完美结合，替代木材，成为人类生产生活的主要动力，广泛应用到了矿井、磨粉、造纸、纺织、冶炼等行业，使以往的手工业生产迅速发展为机器大生产，极大地促进了生产力的发展，推动了人类工业文明的大发展和大繁荣。

煤炭，这一远古的馈赠、地球的宝藏、工业革命时代的“黑金”，是继钻木取火之后，人类文明史上又一次伟大的飞跃。

② 石油的用处有多大？

大家一定用蜡笔画过画吧！我们可以用一支支蜡笔，在纸上画出五彩斑斓的世界。

蜡笔的主要成分是石蜡，那么，石蜡是怎么来的呢？石油！我们制作蜡笔的石蜡是由石油中提取出来的物质制成的。

人类在地球上生存繁衍之前，我们的星球被蓝色海洋覆盖。海洋中遍布着各种浮游生物。当这些浮游生物死后，它们的残骸沉到海底，并且堆积起来。随着时间的推移，这些遗骸被一层层的砂石和淤泥覆盖。在泥石岩层的高压和地下深处高温的作用下，这些浮游生物的残骸被不断分解，直到它们变成微小的水滴状液体。这种黑色或深褐色的黏稠液体就是我们现在使用的石油。

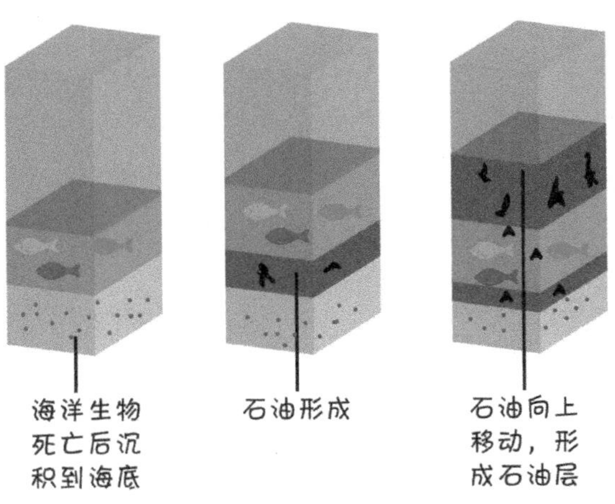

中国是世界上最早发现和利用石油的国家之一。2000 多年前，古人就开始用石油点灯了。宋朝的沈括在其著作《梦溪笔谈》中，首次把这种天然矿物称为“石油”，指出“石油至多，生于地中无穷”，并且预言 “此物后必大行于世”。

如今，石油已经成为世界的主要能源之一。它是优质动力燃料的原料，汽车、内燃机车、轮船及飞机等现代交通工具都是以石油的衍生产品——汽油、柴油、煤油作为动力材料的。

现代社会，我们的日常生活与石油息息相关，时时处处都有它的身影：燃料、化妆品、油漆、塑料制品、蜡……

让我们来看看，一桶大约159升的石油都可以做些什么吧！

首先，可以生产出足够一辆中型汽车行驶约450千米的汽油；

还有足够一辆大型卡车行驶约64.3千米的柴油；

残余燃料还可以让电厂发约70千瓦时的电；

剩余的燃料，相当于约1.8千克的煤球；

接下来，还可以生产出12罐（每罐约400克）的家用丙烷；

继续制造出约0.95升修补屋顶或铺设道路的石油沥青；

以及大约0.95升的发动机润滑油；

外加170支生日蜡烛或27支蜡笔。

这还不是全部！除了上面的产品，剩余的残渣还可以用来生产：

39件涤纶衬衫；

750把小梳子；

540把牙刷；

65个塑料簸箕；

23个呼啦圈；

65个塑料水杯；

195个量杯；

11 个电话机的塑料外壳；

还有，135 个直径为 10.16 厘米的皮球。

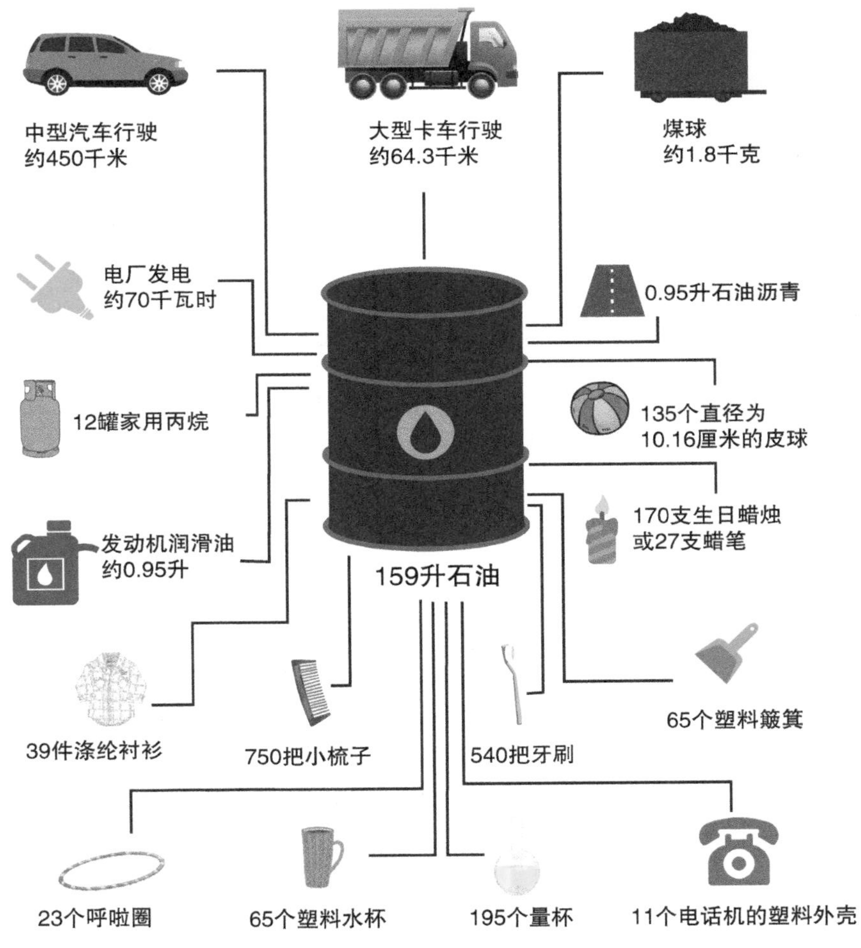

石油具有如此丰富而重要的用途，被誉为“现代工业的血液”。你能想象，如果没有石油的话，我们的生活将会变成什么样吗？

③ 天然气是清洁的能源吗？

大家还记得石油是怎样形成的吗？千百万年前，那些浮游生物死后沉积到了海洋底部，逐渐被泥土和砂粒层层覆盖，在高压和高温的作用下，缓慢分解形成了石油。在这过程中，会生成很多小气泡，这些小气泡就是天然气。

天然气密度较小，如果有通向地表的孔，就会进入这些孔中，并从地表渗出。天然气易燃，被雷电点燃后就会产生熊熊火焰，并且持续燃烧很长时间。数千年前的古代波斯人就开始崇拜这些“永恒的火焰”，将其视为神的显示。随着人类活动的扩展和对自然现象认识的加深，人们逐渐意识到可以利用天然气来获取热量和照明。

中国是世界上最早大规模开采、应用天然气的国家，对天然气的利用拥有十分悠久的历史。西周时期的《周易》中就出现了“泽中有火”的记载。在距今2000多年前的秦国，四川地区的人在开凿盐井时，就发现了深井下产生的天然气，将其点燃后可以用来熬制井盐，并将这些天然气井称为“火井”。

古人用“火井”煮盐，火力大，烧制速度快，盐的产量自然就多。在“火井”的开凿中，天然气的应用，使得生产效率得到了极大的提高。明朝宋应星在著名的《天工开物》一书中，对火井煮盐做了详细记述。

天然气燃烧产生的污染少，是一种清洁能源。它的主要成分是甲烷，燃烧后的主要产物是二氧化碳和水，几乎不产生导致酸雨的二氧化硫，几乎没有燃烧残渣。与等质量的煤炭、石油等能源相比，天然气燃烧后所产生的二氧化碳排放量仅为它们的一半左右，影响人体健康的氮氧化物减少约 81%，颗粒物产生量减少约 95%，对环境造成的污染远远小于煤炭和石油。

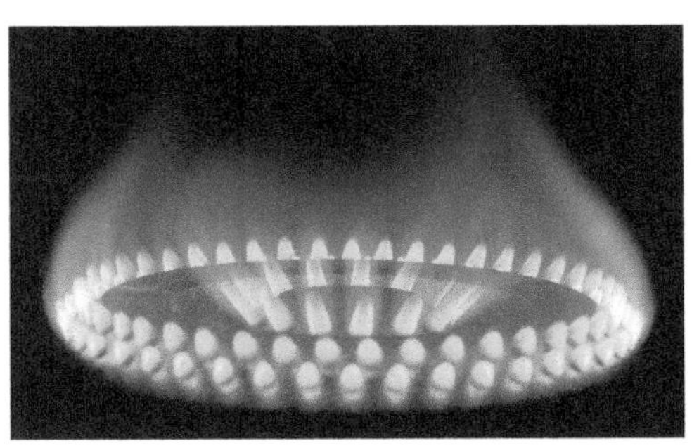

天然气热值较高，是一种高效的能源。它的热值为 3.77×10^5 千焦 / 米^3，是普通煤气的 3 倍。天然气发电，效率可以达到 52% 以上，比普通燃煤发电的能源利用率高出 14% 以上。

作为无色无味的易燃易爆气体，天然气最大的问题是储存和运输。和空气一样，只要有任何微小的漏洞，天然气就会逃逸出去。一旦泄漏，发生燃爆，后果就不堪设想。

人们通过混入一种化学物质，使得天然气有了一种类似臭鸡蛋的气味。这样一来，只要发生泄漏，人们就会闻到气味，并能及时进行处理，避免灾难的发生。

管道也成了天然气运输的主要方式。“西气东输” 工程，把我国西部地区丰富的天然气资源，通过管道运输到了东部城市，让天然气这一高效清洁的能源，进入了千家万户。

4 石头里面藏着天然气？

上文中我们说过的天然气，不仅是一种动力能源，还是非常重要的化工原料，可以用来制造氮肥，应用于造纸、冶金、采石、陶瓷和玻璃等行业。

随着传统天然气资源的逐渐消耗，人类将目光转向了另一种非常规的天然气资源——页岩气。

页岩气的本质还是天然气，以甲烷为主要成分，都是古老生物遗体埋藏于沉积地层中，通过地质作用形成的化石燃料，是自然形成的洁净、优质能源。但是，页岩气贮藏在“页岩”之中。

页岩是一种沉积岩，是在地壳发展演化过程中，由黏土经过长时间的沉积，并且经受一定的压力和温度后逐渐形成的岩石。而页岩气主要以吸附或游离的状态存在于各类页岩石夹层中。

随着地质勘探技术的发展，越来越多的页岩气资源被人类发现。根据最新的评估报告，理论上可开采的全球页岩气储量大约为 206 万亿米^3，与传统天然气资源量相当，大概够全球使用 100 ～ 150 年。

如果说，常规天然气是个急性子，有人敲门就出来，一旦被开发就会得到整个气田；页岩气就很害羞了，需要把岩层压裂才能从空隙中释放出来。

因此，页岩气的开采难度比常规天然气大很多，相应的开发成本也较大。

对页岩气资源的研究和勘探开发最早始于美国。目前，美国也是页岩气开采技术最先进的国家，其中有一项是水力压裂技术，就是把高压水注入岩石里，使岩石出现裂缝，从而把藏在里面的页岩气赶出来。2009 年，美国天然气生产总量一举超过俄罗斯，首次成为世界第一大天然气生产国。

我国蕴藏着丰富的页岩气资源。2012 年国土资源部油气研究中心发布的一份报告显示，预估我国页岩气地质资源总量为 134 万亿米^3，资源潜力与美国相仿。与美国不同的是，我国的页岩气开采难度更大，页岩气层深度更深。当前我国页岩气勘探开发面临的主要问题是我国的页岩气勘探开发研究还处于起步阶段，资源勘探程度低，技术不够成熟。

页岩气的开发也带来了一系列的环境问题。例如，消耗大量的水资源，水力压裂技术所使用的水注入页岩层后，不能再回收利用，页岩气的开发将加剧水资源紧缺的局面。

再如，开发页岩气还容易造成环境污染。开采时采用的压裂液中含有500多种化学添加剂，在钻井过程中要经过蓄水层，因此可能造成地下水的污染。

正是因为存在诸多环境隐患，加上开采成本相对较高，使得页岩气的开发存在争议。如何安全高效的开发页岩气资源，增加清洁能源的供应，促进人类社会的可持续发展，任重而道远。

5 “冰”会燃烧吗?

都说水火不相容，那么冰和火呢?

这次，我们的故事又和天然气有关。

20世纪30年代，天然气开始通过管道进行输送。在一些天寒地冻的苏联地区，人们发现管道被一种类似冰块的东西堵塞了。这些冰块使得天然气管道输送受阻，因此被视为工业灾害，科研人员开始研究如何阻止其生成。

到了60年代，科研人员在西伯利亚永冻土带进行钻探。他们发现在钻取的岩芯中有一些白色或浅灰色形似冰块的结晶物质。这些冰块在空气中很快就“化”了，还不断冒出气泡。令人惊奇的是，这些气泡里的气体竟然能被点燃。70年代，在美国东部大陆边缘的布莱克海台进行深海钻探时，科研人员从海底钻取的岩芯中也发现了类似冰状结晶物质，它嘶嘶地冒着气泡，持续好几个小时，并且一点就着，有极强的燃烧力。

于是，这种冰状结晶物质就有了“可燃冰”这个特殊的名字。

“可燃冰”之所以能够燃烧，是因为其主要成分是甲烷。它的组成方式，就好像甲烷分子被多个水分子“囚禁”住了。它一旦在空气中“露面”，马上就会发生“冰”雪消融，释放出甲烷气体，剩下一摊水。所以“可燃冰”被看作是天然气的固体形式，就如同冰是水的固态形式一样。它还有了一个专业的名字——天然气水合物。

要想形成这种天然气水合物，首先是必须要有一定数量的天然气作为原料，也就是有机物的沉淀分解，从而产生甲烷气体；然后是低温条件，“可燃冰”在 0 ～ 10 ℃时生成，超过 20 ℃就会分解，变得“烟消云散”；最后是高压条件（需要30 个大气压）、在 0 ℃时才能“冰冻”生成。

我们通常很难看到“可燃冰”，但这种天然气水合物在全世界的深海沉积物或陆域的永久冻土中分布广泛，而且资源量相当丰富，储量大约是煤、石油、天然气三大能源总量的 2 倍。

1 米^{3}的“可燃冰”可以产生 164 米^{3}的甲烷。而且，燃烧后几乎不产生任何残渣，污染比其他化石能源都要小得多，是一种高效、清洁的新型能源。

随着传统油气资源的逐渐枯竭，人类急需寻找新的可替代能源，“可燃冰”的发现无疑给人们带来了新的希望。截至目前，全世界直接或间接发现的可燃冰矿点超过 200 多处，已有 100 多个国家相继发现了“可燃冰”的实物样品。

2017 年 7 月，中国海域天然气水合物首次试采取得了圆满成功，创造了产气时长和产气总量的世界纪录。有关专家表示，“可燃冰”是未来全球能源发展的战略制高点，我国在全球率先试采成功，实现了在这一领域的领跑而不是跟随。

第三章 驱动世界

1 电是什么？

每次我们放学回家，一进自己的房间，只要轻轻碰一下开关，电灯就会马上照亮整个房间。轻触一下按键，我们就能打开手机，微信上同学的留言，朋友圈里发布的各种有趣图文，就能一览无余。

我们之所以能有今天如此便捷的生活，都是因为电。

那么，电究竟是什么呢?

电被发现，其实是一个很偶然的事件。远在2500多年前的古希腊，有一个名叫泰勒斯的哲学家发现了一个有趣的现象，他用毛皮去摩擦一块琥珀，这块琥珀就能吸引一些类似绒毛、碎草等轻微细小的东西。当时的人们还无法解释这种现象，便认为琥珀具有一种特殊的力量。

无独有偶，在东汉时期的中国，王充在《论衡·乱龙》中提到“顿年掇芥”。“顿牟”就是琥珀，“掇”是吸引的意思，“芥”比喻的是干草、纸等的微小屑末。这说明，那时的中国人也发现，经过摩擦的琥珀能够吸引轻微细小的物体。

公元 1600 年，英国物理学家、医学家威廉·吉尔伯特经过了多年的实验和研究，发现相当多的物质，如玻璃棒、硫黄、瓷、松香等，经过摩擦后都具有吸引轻微物体的性质。他采用“琥珀”的希腊文单词把这种性质称为“电的”，这种吸引力称为“电力”，许多人称他为电学研究之父。

除了摩擦起电，自然界中还普遍存在着一种自然现象——闪电。古时候，人们对电的了解不多，对天上的雷电更是充满了恐惧和疑惑。美国科学家富兰克林的风筝实验震惊了世界。1752 年 7 月，在一场大雷雨中，他用风筝“捕捉”到了“天电”，用事实揭示了雷电是一种大气云层的放电现象。他还首次提出了电流的概念，丰富了人类对电的认识。

经过无数科学家长期的探索和实验，我们终于发现了电的本质：分子是构成物质的微观粒子。而分子是由更小的粒子——原子构成的。如果我们再进一步观察原子就会发现，每个原子都有一个原子核（即中心）和外层电子。原子核是由更小的中子和质子组成；而外层电子，就像小飞虫一样围绕着原子核旋转。

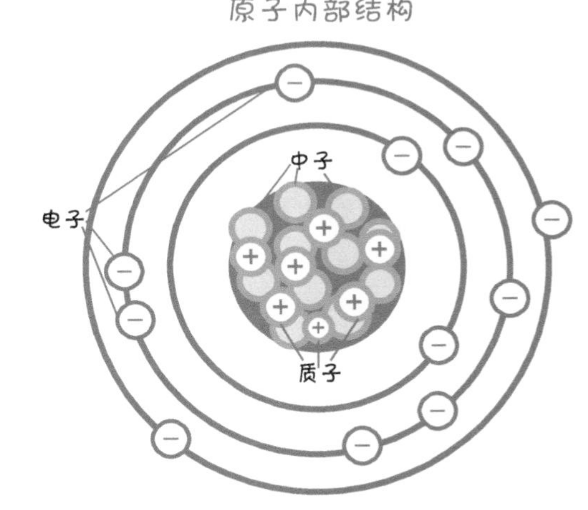

这其中，中子不带电，是“中性”粒子；质子和电子自身都带有

电荷，质子带正电荷，电子带负电荷。电荷相反会互相吸引。因此，电子会靠近质子，沿着原子核周围的轨道运动。

当电子从一个原子转移到另一个原子，电就由此产生了！

电荷在电线中流动，如果我们在电线中间接上一盏灯泡，电荷就会流经灯泡，使它发出亮光。

电这一神奇的现象，被人类逐渐认识，并广泛应用到了生产生活之中。电带来了光明，带来了动力，使人类文明进入到了一个崭新的时代。人们又是怎样生产电能的呢？让我们一起，继续阅读吧！

② 火力是如何转化为电能的？

电已经成为我们日常生活中使用最为普遍、最受欢迎的一种能量形式。电灯、电话、电脑、电视、电钻、电焊、电梯、电车等现代社会运行的一切，都与电能息息相关。

如何才能源源不断地获得日常所需的电能呢？用皮毛去摩擦琥珀看样子是远远不够的。制造电能成为很多科学家的探索方向。

18 世纪末，意大利物理学家伏特发明了“伏特电堆”：利用铜片向用盐水浸湿的硬纸板释放电子，用锌片接收电子，未能固定下来的电子则可以通过金属线流出，这就是最早的电池。

1820 年，丹麦科学家奥斯特发现了电流磁效应：把一根非常细的铂导线放在一个用玻璃罩着的小磁针上方，接通电源的瞬间，小磁针发生了偏转。

英国科学家法拉第在此基础上进行了改进并且反复实验，终于在 1831 年发现，如果磁棒来回进出于金属线圈，就会有电流产生。这证实了磁力与运动可以制造电能。

法拉第以此为依据，制造了世界上第一台发电机，即手动旋转磁铁两端的金属线圈回路，就能获得电能。

1875 年，法国巴黎北火车站建成了世界上最早的火力发电厂。这座火电厂安装了直流发电机，给附近地区供电。

1882 年，上海建成了中国第一座装有 12 千瓦直流发电机的火电厂（乍浦路火力发电厂），为附近的电灯供电。

锅炉、汽轮机和发电机是火力发电的主要设备。

锅炉是第一个能量转换设备：煤炭、石油、天然气等我们之前提到的“地球宝藏”，通过在锅炉中燃烧，转化为热能，热能将水加热，形成水蒸气。

汽轮机是第二个转换设备：刚才形成的源源不断的水蒸气，开始推挤汽轮机上的叶片，不断做功，使汽轮机转动，形成动能。

发电机是第三个设备，也是最神奇最重要的环节：汽轮机转动的动能，带动发电机转动，在电磁感应的作用（刚才我们说过的磁力和运动）下，产生了电流。

产生的电能，可以用于照明；还可以应用同样的电磁感应原理，通过电动机转化为机械能，用于各种设备，如交通工具、纺织机械等。

随着锅炉、发电机、汽轮机制造技术的完善，输变电技术的改进，20 世纪 30 年代之后，火力发电进入大发展的时期。

电能逐渐成为补充和取代蒸汽动力的“新能源”。随后，电灯、电报、电话、电车等电气产品如雨后春笋般地涌现出来。电能的广泛应用，推动了电力工业和电气制造业等一系列新兴工业的迅速发展。人类历史从“蒸汽时代”跨入了“电气时代”。

③ 水力发电真的可以“取之不尽、用之不竭”？

大家一定听说过自然界里的“水循环”吧！

在地球重力的作用下，“水往低处流”——处于高位的水体产生径流汇入河川，再流入大海。同时，在太阳的辐射作用下，水分不断被蒸发，成为空气中的水蒸气，通过气流运动，又以雨雪的方式进行降水，落到陆地和海洋之中。

这样的“水循环”，全世界每时每刻都在进行，周而复始，永不停止。正因如此，水所蕴含的能量具有可以重复再生的特点，真的可以说是“取之不尽、用之不竭”。

之前我们曾经提到，人类利用水能的历史源远流长。人类的文明发源于尼罗河流域、幼发拉底河和底格里斯河流域、黄河和长江流域及印度河和恒河流域。千百年来，从生活用水到农业灌溉，再到水能利用，人类的发展与水息息相关。

19世纪晚期，水能成为发电的能源之一。随着“电气时代”的到来，源源不竭的水能逐渐成为电力生产的主力。

1878年，世界第一座水力发电工程，在英国诺森伯兰郡克拉格塞德开始给电灯供电。

1882年，为私人和商业用户服务的第一座水电站——阿普尔顿水电站，在美国威斯康星州福克斯河上投入运行。

中国第一座水电站——昆明石龙坝水电站建成于1912年。目前，我国三峡工程是世界上装机容量最大的水电工程。

典型的水力发电站一般由3个部分组成：蓄水的水库、控制水流的大坝及产生电能的发电机。大坝将水阻挡住，形成一个叫作水库的湖泊，里面的水就积蓄起产生电能的潜在能量。

随着大坝缓缓地将水库中的水放出，强压下的水流开始冲击并推动涡轮机的叶片转动，再由传动轴将机械力传送到发电机组。发电机组通过切割磁力线运动，产生感应电势，从而形成电流，产生电能。

水力发电站除了可以发电，水库和大坝还有防洪、灌溉、航运、养殖、旅游等水资源综合利用的功能。水能在转化为电能的过程中，不会发生化学反应，不会排出有害物质，对空气和水体本身不产生污染，是一种非常理想的清洁能源。

当然，建造高坝和大水库，会对周边的自然生态环境产生一定的影响，蓄水的库区还需要迁移人口，需要在规划设计阶段进行统筹考虑。

中国是世界上水资源较丰富的国家之一，但目前水能利用率却相对较低，因此水力发电前景广阔。相信“取之不尽、用之不竭”的水能，会为我们的生活带来更大的便利！

4 “呼风”就能“唤电”？

风是移动的空气，是我们日常生活中最常见的自然现象之一。“和煦的春风”“飒爽的秋风”“徐徐的微风”“可怕的龙卷风”……无论风和日丽，还是风雨交加，或者狂风暴雨，风无论何时都在我们的身边。

风看似来无影、去无踪、摸不到、抓不住，却蕴藏着巨大的能量。产生风能的源泉是太阳。在阳光的照射下，各地的空气因为受热不均而产生流动，这便产生了风。人类利用风能的历史，已经有数千年的历史。上文我们提到过，古人用风车提水，用风帆行船。在古代，风能的利用主要集中在农业生产和交通运输方面。

但风又是“喜怒无常”的。风在给人类带来便利的同时，其巨大的能量也带来了极大的破坏力。每年夏季，我们都会十分关注台风的形成和登陆路径，提前做好防护工作，减少因其带来的破坏和损失。史料曾记载，在 18 世纪初，一场横扫英法两国的狂暴大风，摧毁了 400 余座风力磨坊、800 多座房屋、100 余座教堂、400 多条帆船，25 万株大树被连根拔起，数千人受灾……

我国幅员辽阔，风能资源储量十分丰富。从河西走廊到东南沿海，从西北大漠到东海之滨，无不蕴藏着可观的风能。

那么，怎样将风变成电呢？

大家在夏天一定都吹过电风扇吧！电风扇通电后，电动机转动，带动风扇的叶片转动，产生风。电风扇将电能转化为风能。

而风力发电的原理正好相反。风吹动发电机的叶片，使之旋转，进而驱动发电机来发电。风力发电机是使风能转变成电能。

作为风力发电的关键设备，虽然风力发电机的工作原理可以和我们家里用的电风扇进行类比，但是风力发电机的结构形态却要比电风扇复杂得多。

风力发电机一般由风轮、传动装置、迎风装置、控制装置和发电装置等组成。由于自然界的风是千变万化的，风速和风向都会不断发生变化，风轮的作用是捕捉风，旋转起来，将风能转化为机械能；传动装置的作用是将风轮轴的机械能通过齿轮箱增速，平稳有效地传递到发电机上；迎风装置的作用是保证风轮的旋转面能够始终正对风向；控制装置是整套风力发电系统的大脑，其作用是实时控制风力发电机的运行；发电装置则是应用电磁感应原理，将动能转化为电能。

风能的随机性和不稳定性一直是制约风力发电的主要障碍。随着电力技术的不断进步，风力发电中的种种难题逐一得到解决，风力发电的优势越来越明显。风能和水能一样，“取之不尽、用之不竭”，相信在不远的未来，必将拥有更为广阔的发展空间。

5 我们是如何利用太阳能的？

大家知道，太阳是我们地球最大的能量来源。太阳以电磁辐射的形式向宇宙空间辐射能量，这其中约二十二亿分之一的辐射能量最终到达地球大气层，成为地球上的光和热的源泉。

太阳是我们生命的能量来源。植物通过光合作用将太阳能转化成化学能，储存下来，并在生态系统中流动，这是人类赖以生存的基础。

太阳能是地球上绝大部分能源之“源”。我们使用的能量绝大部分都直接或间接来自太阳。我们在第二章中提到的煤炭、石油、天然气，都来源于太阳——古代的动植物因为太阳得以生长，由于地质运动被埋藏在地下，经过复杂而漫长的生物化学和物理化学变化而逐渐形成。而我们一直在利用的风能和水能，也都来源于太阳；它们在太阳能的驱动下生成，“取之不尽、用之不竭”。

人类对太阳能的利用也有着悠久的历史。“晒太阳”可能是人类对太阳能最早、最原始的利用方式。

早在2000多年前的战国时期，古人就利用金属制四面镜聚焦太阳光来点火。传说古希腊科学家阿基米德在一场和罗马人的战斗中也这样使用了太阳能。他利用金属镜面把太阳光经过聚焦反射到罗马人的船上，产生了很高的热量，点燃了罗马人的船只。

古人还学会了用太阳来晒制海盐，用阳光来干燥农副产品。人们将房屋朝南建造，门窗向阳，这样在冬天，太阳就能照射进来，提供温暖。人们还用黑色的桶来装水，放在阳光底下，一会儿之后，就有热水用了。

1615年，法国工程师所罗门·德·考克斯发明了世界上第一台太阳能驱动的发动机，通过利用太阳能加热空气，使其膨胀做功，进行抽水工作。

随着科技的发展，人类研发出了各种从阳光中获取能源的技术：

现在，我们不少人家里都安装了太阳能热水器。这就是太阳能光热技术的最基础应用。通过集热器，人们把太阳的辐射能转换成热能，用于加热冷水，再通过保温水箱和管道，这些热水就可以用来取暖或洗澡了。

太阳能光热技术还可以用于发电。太阳能光热发电与常规的火力发电原理相似，热能不用化石能源燃烧，而是来自太阳光，再通过加热液体产生蒸汽，推动汽轮机运转，进而带动发电机，产生电能。

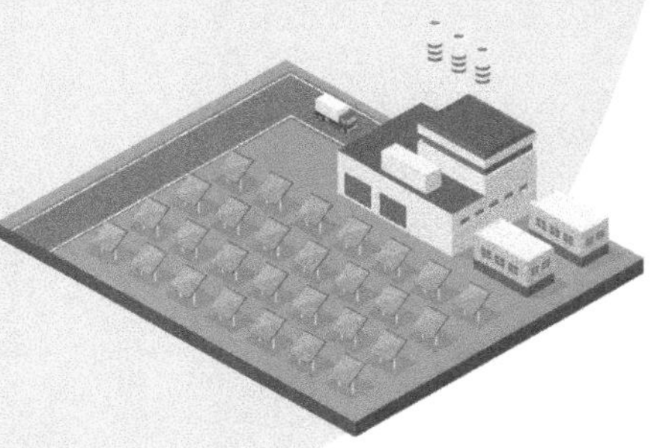

与太阳能光热发电不同，光伏发电可以直接将阳光转变成电能。科学家发现了一种能够吸收阳光产生电能的半导体材料。在介绍电的时候我们曾提到，电子从一个原子转移到另一个原子，就产生了电流。半导体中的电子在吸收阳光之后，获得了能量，就开始了运动，由此产生了电流，这种现象被称为光伏效应。

太阳能源源不绝，在发电的过程中也不会产生污染。如今，太阳能已经逐步在各个领域开始了广泛的应用。

第四章 环境危机

1 全球变暖是怎么回事?

“该刮风不刮，该下雨不下，雾霾刚散去，漫天又扬沙，老天生气了，小鸟吓哭了，这是怎么了？我们好害怕！

“妈妈说，童年是：柳岸垂，夏风凉，碧河绿水清溪流；爸爸说，童年是：田野上，花草香，蓝天白云落荷塘……”

这首由我国小朋友演唱的歌曲，名叫《唯一的家》。在一次国际气候论坛的开幕式中唱响，呼吁大家一起携手努力，应对全球变暖，保护地球这一人类“唯一的家”。

那么，地球为什么会变暖呢?

我们人类及所有生物都生活在地球表面，靠着吸收从太阳辐射的光获取能量。地球在吸收太阳辐射的同时，又把一部分热能以辐射的形式释放出去。

如果释放的热量比较多，地球就会变冷；如果释放的能量较少，地球就会变暖。

地球在吸收太阳能之后，向宇宙空间释放能量的时候，会受到地球大气层的“拦截”。其中起到重要拦截作用的就是二氧化碳。当空气中二氧化碳浓度上升时，原本向外释放的热量就会被阻挡吸收，热量无法释放，地球表面的温度就逐渐升高了。

二氧化碳是我们地球大气层的常规组成成分，与氮气、氧气相比，它所占的份额非常少，只有 0.037%（体积分数），但是它对全球变暖产生了巨大的影响。

大气中二氧化碳含量增加，热量易进难出，就像是给地球罩上了无形的“棉被”，也因为这种保温作用类似于栽培农作物的“温室”，二氧化碳的“保温”作用就被形象地比喻为“温室效应”了。而具有保温效果的气体，除二氧化碳外，还包括水蒸气、甲烷、一氧化二氮等，都被称为“温室气体”。

大气中的二氧化碳为什么会增加呢？

在过去的 100 多年里，随着人类生产生活水平的不断提高，大量煤炭、石油和天然气等化石燃料被燃烧，产生了二氧化碳。燃烧的化石燃料越多，产生的二氧化碳也就会越多。

大家知道，植物生长需要二氧化碳。然而，在人类发展经济，开发地球资源的时候，大量森林被破坏。森林的减少，削弱了大自然对二氧化碳的吸收能力。

飓风、野火、干旱、洪水……大家几乎每天都能听到极端天气带来的灾害。

海平面上升，濒危物种灭绝，人类也无法独善其身……

世界气象组织在最新的报告中指出，2016 年，大气中的二氧化碳浓度以惊人的速度急速上升到了 80 万年以来的最高水平。

地球真的“发烧”了！

2 是什么造成了空气污染？

说到“雾都”，大家会想到哪座城市？

英国的伦敦！伦敦可谓是闻名世界。工业革命以来，伦敦居民和周边工厂大量使用煤炭作为燃料，由此产生了大量的烟雾。这些烟雾再加上伦敦的气候，造成了历史上“远近闻名”的烟霞，英语称为 London Fog（伦敦雾）。伦敦也因此得名“雾都”。

1952 年 12 月 5 日开始，伦敦连续数天寂静无风，大量的废气难以扩散，积聚在城市上空。伦敦被浓厚的烟雾笼罩，交通瘫痪，居民健康也遭到了严重的侵害，很多人出现胸闷、窒息和眼睛刺痛的症状。直至 12 月 9 日，一股强劲而寒冷的西风才终于逐渐吹散了笼罩在伦敦的烟雾。

据史料记载，在 12 月 5—8 日的 4 天里，伦敦死亡人数达 4000 人。而在此后的 2 个月内，有近 8000 人死于呼吸系统疾病。

1952 年伦敦烟雾事件发生之后，人们开始反思空气污染造成的后果。世界上第一部空气污染防治法案《清洁空气法》由此出台。

其实，空气污染的来源有很多。一些自然现象也会引起大气成分的变化。例如，火山爆发和森林火灾。

火山爆发的时候，就会有大量的粉尘及二氧化碳等各种气体喷射到大气中，造成周围区域烟雾弥漫，毒气熏人。雷电等自然原因引起的森林火灾也会增加空气中二氧化碳和烟尘的含量。

除去自然界的因素，空气污染的主要源头，来自人类活动。

交通运输的发展，极大地便利了我们的生活，实现了古人“天涯若比邻”的梦想。然而，汽车、火车、飞机、轮船等现代交通工具，燃烧煤炭和石油产品产生的废气，包含了一氧化碳、二氧化硫、氮氧化物和碳氢化合物等气体，污染极大。尤其是城市中穿行的汽车，其尾气中所含的污染物能直接侵袭人的呼吸器官，严重污染城市的空气，是城市空气的主要污染源之一。

工业的发展，丰富了人们的物质生活，但工业生产消耗了大量的化石能源，排放出大量的废气，这些废气包括烟尘、硫的氧化物、氮的氧化物、有机化合物、卤化物、碳化合物等，造成了严重的空气污染。

此外，很多生活用炉灶和采暖用锅炉都使用煤炭，煤炭在燃烧过程中会释放大量的灰尘、二氧化硫、一氧化碳等有害物质。特别是在每年入冬后的采暖季，往往会造成烟雾弥漫的情况，这也是一种不容忽视的污染源。

空气污染，还会导致酸雨，危害植物生长，同时也会危害人体健康。

而空气污染的产生，和我们现行以化石燃料为主的能源开发和利用方式有着很大关联。

人类在享受能源带来的舒适和便利的同时，也在承受着环境破坏带来的后果。

3 核能是一把“双刃剑”？

说到“核”，大家的第一反应是什么？

原子弹？

那是一种人类迄今为止发明的最可怕的大规模杀伤性武器！

1945 年 8 月 6 日，美国在日本广岛投下了一枚原子弹。在耀眼的闪光和天塌地陷般的轰鸣之后，广岛几乎被夷为平地，死伤者超过 10 余万人，放射雨使一些人在以后 20 年中缓慢地走向死亡……

这是人类史上第一次使用核武器，虽然加速了日本军国主义侵略者战败投降的进程，但也使大量无辜的日本民众经受了无尽的痛苦和伤害。

人类也第一次直观地感受到了“核能”的巨大威力和能量！

19 世纪末，科学家们开始逐渐发现原子核的放射性。原子核里的核子——中子或质子，在重新分配和组合的时候，会释放出能量。

少量的核物质可以释放出巨大的能量。1 千克的铀原子核全部裂变释放出来的能量，相当于 2700 吨标准煤燃烧所产生的能量。

地球上蕴藏着数量可观的铀、钚等核物质，如果将它们裂变所产生的能量充分利用，可以满足我们人类上千年的能源需求。

核反应产生的能量即可以用来制造核武器，给人类带来巨大的破坏和伤害，也可以用来建造核反应堆来驱动发电机发电，这就是“核电”。

核电站就是人类和平利用核能的成功范例。20 世纪 50—60 年代初，苏联、美国等国家开始相继建设核电站，逐步利用这一高效的新能源。

一座 100 万千瓦的核电站，每年只需 25 ～ 30 吨低浓度的铀核燃料，运送这些核燃料仅需要 10 辆卡车；而相同功率的火力发电站，每年则需要 300 多万吨的煤，运输这些煤炭，至少需要 1000 列火车。

核电因为其高效的特性，已经和我们前文提到的水电、火电一起，成为支撑世界电源的三大支柱。

然而，核电也有令人担忧的一面。

核废料的处置及核事故的发生，都会造成极大的环境破坏和人员伤亡。

1986 年 4 月 26 日凌晨，位于乌克兰境内的切尔诺贝利核电站反应堆发生猛烈爆炸，并引发大火。大量放射性物质泄漏，辐射尘随着大气飘散到了大面积的区域。这次灾难所释放出的辐射线剂量是广岛原子弹的 400 倍以上。33 人死亡，300 多人受到严重辐射，更多的人受到不同程度辐射，28 万多人被迫疏散，切尔诺贝利城因此被废弃。

切尔诺贝利的伤痕还未抚平，2011 年 3 月 11 日，日本福岛核电机组又因为大海啸引起了严重的核泄漏，受到核污染的区域已被划定为永久禁居区，放射性污水也很有可能流入了海洋……

核能可怕的“杀伤性”，使得利用核能成为一把“双刃剑”，如何安全高效地开发使用这一能源，是摆在人类面前的一道难题。

4 “远古的馈赠”会枯竭吗？

如今，我们的生活已经离不开能源的使用了：空调运转，让我们冬暖夏凉；交通便利，让我们随时可以进行“说走就走”的旅行；经济发展，让我们的生活富足幸福……

这一切的一切，都是能源驱动的。能源已经成为我们发展和进步的基石！

然而，我们大量使用的煤、石油、天然气，这些化石能源都是古生物的遗体历经漫长地质年代变化形成的，它们都是“远古的馈赠”。

人们开始担心，这些短时期内不可再生的资源，终有一天会被开采殆尽，消耗一空。一旦能源面临枯竭的危机，人类也会到达生死存亡的关头。那么，这样的“能源危机”会在未来何时发生？是100年之后，还是200年之后？

最近，中国石油勘探开发研究院在经过大量的调查和研究后，对全球油气资源勘探现状做出了科学的评价：

全球剩余的石油可采资源量约为9000亿吨。按照2016年全球43.6亿吨的年产量估算，全球石油还可开采约200年。

全球剩余的常规天然气可采资源量为575.6万亿米^3，非常规天然气（我们之前提到的页岩气）可采资源量为 317.4 万亿米^3，按照 2016 年全球 5.3 万亿米^3 的年产气量估算，全球天然气还可开采至少 130 年以上。

元素周期律的发现者、俄国著名化学家门捷列夫还提出一种理论，认为石油是自然界中碳和氢在一定的地质条件下自然合成的，当水沿着裂缝向地下深处渗透时将会不断被加热，这种炙热的水一旦与埋藏在地底的碳氢化合物相遇，就会发生反应生成有机化合物，而这些化合物聚集起来，就会成为石油。石油虽然被大量开采，但同时也会在特定的环境条件下源源不断形成。

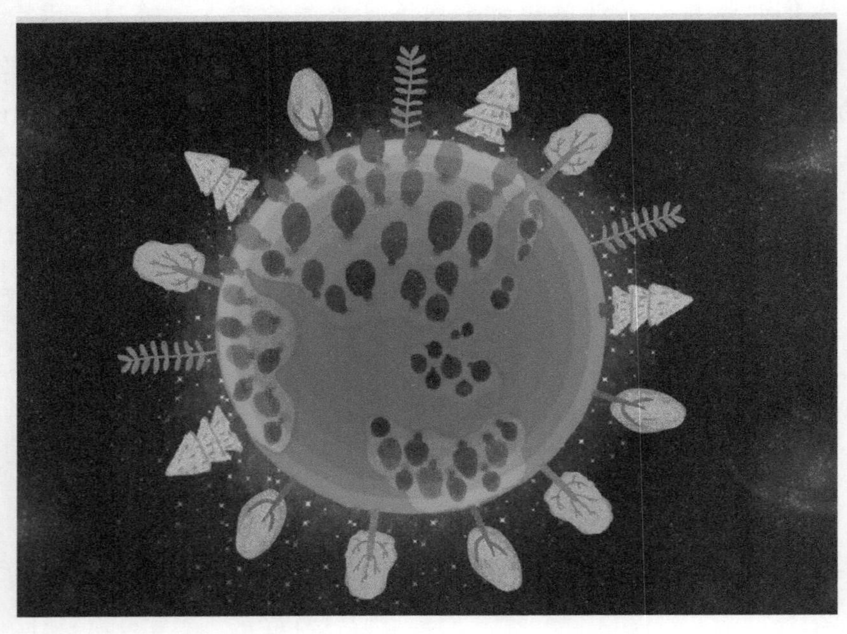

看来，我们短期内可以不用担心能源枯竭的问题，继续“高枕无忧”了。然而，随着人口的过快增长，现代生活方式的过度消费，人类对能源的需求正在急剧增加。

近几十年来，由于人类对自然资源无节制的大量开采和消耗，我们赖以生存的资源基础已经遭到了持续削弱。

自然资源迅速耗减，生物物种濒临灭绝，水土流失日益加剧，温室效应愈演愈烈，气候变化持续异常，自然灾害频繁发生……

人类所面临的，是一个已经满目疮痍、不堪重负的星球！

1972 年，在瑞典斯德哥尔摩召开的联合国人类环境会议上，第一次提出“只有一个地球”的口号。

人类在科学技术突飞猛进的帮助下，人口剧增、经济发展、社会空前繁荣。但地球的资源和承载力有限，人类必须走可持续的发展道路。“绿水青山就是金山银山”，人类只有一个地球，如果能源枯竭，人类文明又将何去何从？

5 为什么必须走进“新能源时代”？

我们的祖先从钻木取火开始，到利用自然的水力和风力，驯化畜力，再到发现煤和石油，使用化石能源，进而驱动电力，探索核能及其他各种可为利用的能源形式。

人类发展的历史，堪称一部能源的利用史。而我们现在所处的时代，堪称“能源时代”。

科学技术日新月异，生产力水平跨越式发展，生活水平日益提高，能源需求也在不断地增加。由于开采技术成熟稳定，全球石油、天然气、煤等化石能源的勘探、开采、加工和利用已经成系统化和标准化。

最新统计显示，目前全世界能源年总消费量约为134亿吨标准煤，其中化石能源占85%，而大部分电力也是依赖化石能源生产的。可以说，化石能源在很长时期内都是我们人类生存和发展的能源基础。

然而，日益增长的化石能源的消耗也带来了大量的问题：全球气候变暖正在被热议；生态环境污染，尤其是大气污染已经成为隐患；自然资源，特别是化石能源的紧缺问题亟待解决……

地球环境的恶化必须得到遏制和扭转，因为人类只有一个地球！

人类正进行着前所未有的发展，也面临着无法回避的严峻挑战！

世界各国开始制定能源发展战略，合理利用和节约常规的化石能源、研发清洁的新能源、切实保护生态环境，为的是实现经济持续增长、社会全面进步、资源有效利用、环境不断改善的可持续发展目标。

高新技术成果正在能源领域得到迅速推广应用：

传统化石能源正向着高效节能、清洁环保的方向发展。全球范围的节能技术革命已经开始，很多发达国家的能源消耗下降了30%以上，机动车的燃油效能提高了近1倍。

各种新能源的开发利用已开始提速。太阳能、风能、地热能、海洋能、生物质能等可再生能源的研发迅速展开。新能源在能源消费中的比重不断提高。

我国的能源转型战略也正在紧锣密鼓的展开。能源消费革命、能源供给革命、能源技术革命、能源体制革命，以及全方位加强国际合作等重大战略思想也相应提出：

到2020年，我国能源消费中煤炭的比重进一步降低，清洁能源成为能源增量主体，非化石能源占能源消费总量的15%；

到 2030 年，非化石能源占能源消费总量比重将达到 20% 左右，天然气占比达到 15% 左右，新增能源需求主要依靠清洁能源满足；

到 2050 年，我国的非化石能源消费占比达到 50%。

人类正视自己在发展中遇到的问题，吸取经验和教训，继往开来，走进“新能源时代”，开启能源利用的可持续未来！

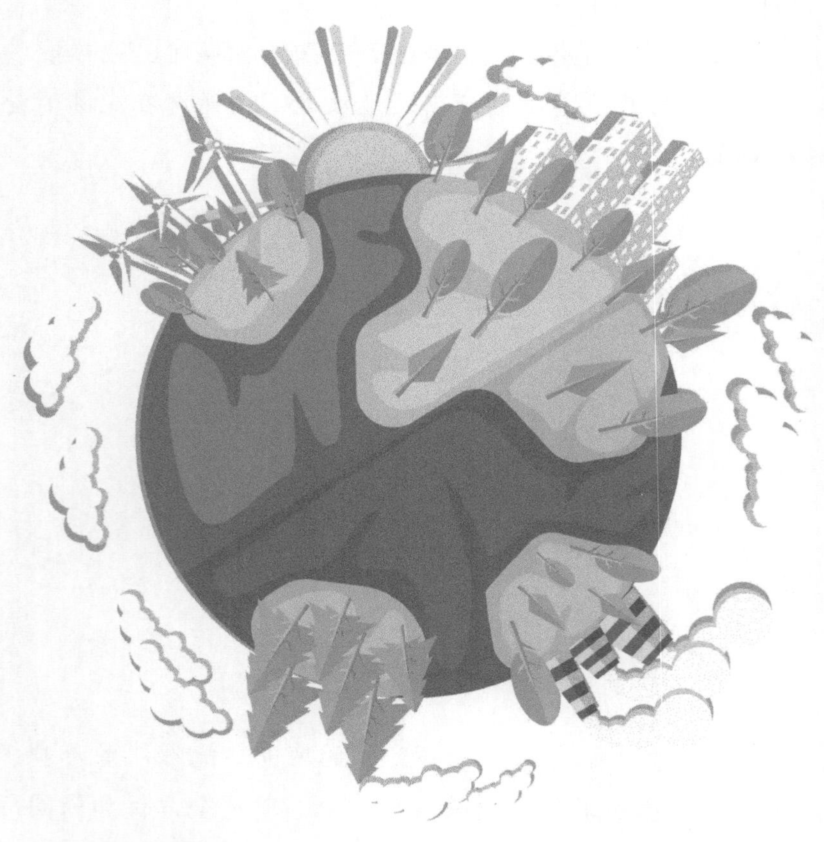

第五章 未来能源

1 氢气是未来的动力燃料？

大家一定都玩过氢气球吧！

五颜六色的氢气球，飘浮在空中，随风摇曳，非常漂亮！

但是，大家在接触氢气球的时候一定要小心，因为氢气易燃，如果氢气球一不小心碰到火星儿，就会爆炸燃烧！

氢气在氧气中点燃，就会形成我们非常熟悉的液体——水。1783年，法国化学家拉瓦锡通过燃烧实验发现了这种现象。于是，他把这种“易燃的空气”命名为hydrogen，hydro来源于希腊语，意为“水”，gen也来源于希腊语，意为“制造、创造”，两部分合在一起就是“制造水的东西”。

氢气作为能源，最大的优点，就是燃烧的时候不会产生废气污染，产物就是水，而水又是我们人类生产生活中的必需品。

如今，以氢气作为燃料的燃料电池也问世了。

当然，这里的“燃料”并不是我们以往使用的煤、石油、天然气等传统化石能源。

化学实验中有“水电解反应”。如果让强大的电流从水中经过，水就会被分解成氢气和氧气。

燃料电池的原理则正好和刚才说的水电解过程相反——通过特殊的装置，再加上催化剂的作用，使氢气和氧气发生反应，驱动带点粒子移动，从而产生电能，产物则是水。

燃料电池就像一个可大可小的“发电站”，具有非常多的优点：

首先，它直接将化学能转化为电能，能量转换效率可以达到45%～60%，要比传统的火力发电、核能发电的效率高很多。

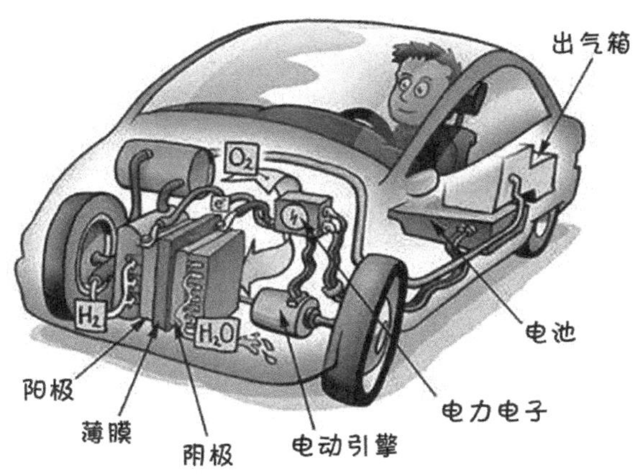

其次，燃料电池运行时没有任何机械振动和噪声，也不会排放有害有毒气体。

最后，燃料电池的燃料是可持续再生的，发电后产生的水还可以不断循环利用，从中提取氢燃料，可以说是取之不尽、用之不竭。

美国国家宇航局最早开始在航天飞机上使用氢燃料电池发电，所产生的水，还可以供宇航员使用。

如今，世界各地都有科学家从事用氢气作为汽车动力的研究。氢燃料电池也已经开始运用到汽车上了。电动马达和燃料电池，是未来“绿能”汽车的重要组件。

更大型的燃料电池也已经研制成功，并且应用在宾馆、医院、商场和办公楼等场所。这些燃料电池还可以像搭积木一样拼装组合，以适应用户的需要。

在不久的将来，家用的燃料电池还有可能圆家庭“发电厂”的梦想！

作为一项高新技术，氢气的制造和储存非常关键，这也使得目前氢燃料电池的价格还比较昂贵。但我们相信，随着技术的进步，作为一种新兴的电能供给方式，氢燃料电池一定会给人类带来更多的便利。

2 地热如何“温暖”我们的生活？

火山爆发是一个非常可怕的景象：山崩地裂，炙热的岩浆喷涌而出，吞噬了大片土地；滚滚浓烟充斥着天空，混浊不堪；万物仿佛都难逃一劫，陷入了令人绝望的灾难之中……

作为一种自然现象，火山爆发是地球内部热能在地表的一种最强烈的表现方式。其能量之大，喷发之猛，令人不得不敬畏这种自然的力量。

我们居住的这个星球，内部就像一个庞大的高温火炉。没有人知道地球中心的确切温度是多少，但估计可以高达 7000 ℃。这种令人难以想象的高温，其中蕴含的能量，可想而知。这种能量，就是地热能。据估算，仅靠近地面 10 千米范围内所蕴藏的地热能，就相当于全世界煤炭所能提供能量的 1.7 亿倍！

人类利用地热能已经有很悠久的历史了。古罗马人和冰岛的早期人类就用地热能来加热洗澡水，甚至用加热后的水来加热房子。人们还直接利用温泉进行沐浴，并且相信温泉水具有治疗效果。

人类真正地认识热能资源，进行较大规模的开发利用始于 20 世纪。1904 年，意大利的皮也罗・吉诺尼・康蒂王子在拉德雷罗首次建成了一座 500 千瓦的地热发电站。我国也于 1970 年 12 月在广东丰顺建成了第一座地热发电站。

地热发电的原理和我们之前提到的火力发电类似，主要是利用地下热源产生的高温蒸汽来推动汽轮机旋转，然后带动发电机发电。不同的是，地热发电不需要消耗燃料，也不会产生污染。地热能是一种清洁能源，又是可再生的，取之不尽，用之不竭。

近年来，一种名为“干热岩”的新兴热能源进入了人类能源开发的视野。“干热岩”，顾名思义，就是又干又热的岩石，其温度普遍高于 200 ℃，埋藏在地下数千米处。2017 年我国科学家在青海共和盆地 3705 米深处钻取 236 ℃的高温干热岩体。科研人员在地下钻两个到达干热岩体的深井，一个用来灌水加压；一个用来抽回热水，推动汽轮机发电。

不少地热发电站还直接利用余热，把热水输送到附近的居民区供居民使用，进行热电联产、区域供热，更为高效地利用地热能。

其实，地热能也很“温和”。很多人都使用过井水，冬暖夏凉。在地热的作用下，我们的浅层地表就像一个天然的“恒温箱”，常年温度保持在 17 ℃左右。

利用这一特性，科学家们研发出“地源热泵”空调系统。这个系统的工作原理和我们家里使用的电冰箱类似：冬天，将地下水抽出进行加热供暖；夏天，再利用需要散发的热量把水加热回灌到地下储水层。

地热能被普遍认为是一种理想的清洁能源，具有取之不尽的可持续性优势。随着技术的进步，这种新能源很有可能成为未来能源的重要组成部分。

③ 海洋蕴藏着哪些能量？

浩瀚的海洋，是孕育地球生命的摇篮。无边无垠的海洋世界，广阔而深邃，给人类带来了无穷的宝藏和财富。海洋所蕴藏的能量已经开始吸引越来越多的关注 。

海水在海风作用、气压变化等外力的影响下，会在上下左右前后等各个方向进行运动，形成波浪。在占地球表面积约 70% 的海洋上，海浪可谓无处不在，从不停歇。即便在“风平浪静”的时候，海面都是波浪轻轻，浪花朵朵。待到“风大浪急”的时刻，海浪更是翻腾起伏，奔涌不息。

波浪的运动，在科学家眼里，就是一种机械波，拥有巨大的动能和势能。若以平均浪高 1 米、持续时间 1 秒计算，全球每天海浪产生的总能量估计至少可以转换为 1944.4 万千瓦时的电能。

海浪发电的原理，是将由海浪往复运动所产生的波力转换为空气的压力，以此驱动发电机运行。各种漂浮式、半沉式、摇摆式的海浪发电设计方案也在陆续推出，并相继开始进行试验。我们相信，波浪能发电一定会在未来的能源开发中占有重要地位。

让我们回到海边，那里的人们可能已经很习惯于每天的潮起潮落了。海水受到月球、太阳和其他天体的吸引力作用，在一天之内，会发生两次潮起潮落的潮汐现象，就像是在有节奏的“呼吸”，永不停歇。在钱塘江的入海口，潮水在喇叭地形的压迫下，形成声势浩大、汹涌雄奇的“钱江潮”，成为一种奇特的自然景观。

潮汐的涨落中蕴藏着巨大的能量。仅我国，每年可供发电的潮汐能就约有580亿千瓦时。

潮汐发电的原理和水力发电相似，人们在海湾或河口建造拦水堤坝，涨潮时将汹涌而来的海水储存在堤坝内，在落潮时放出海水，与此同时将势能转化为动能，推动水轮机转动，带动发电机运行。世界各地现已有数百座潮汐发电站，相信潮汐能将为未来的电力供应做出巨大的贡献。

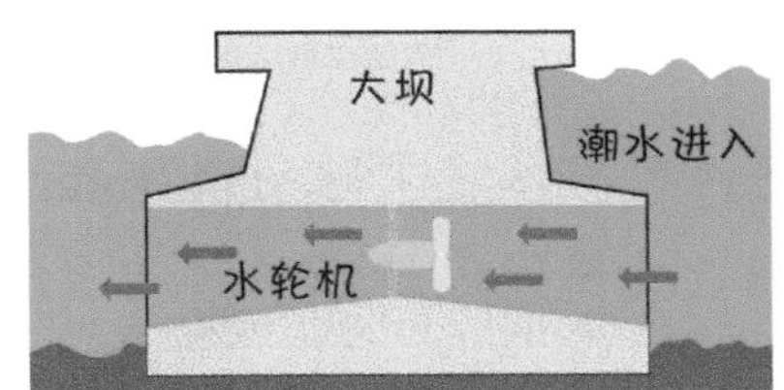

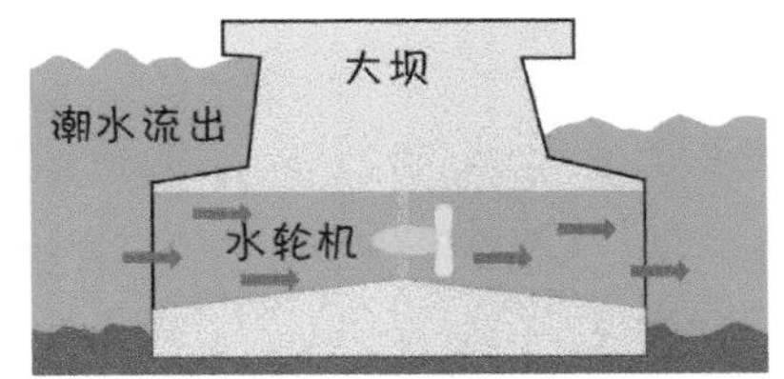

当潮水流进或流出大坝时，都通过水轮机而发电

人类对海洋的认识还在不断加强，对海洋资源的利用更是任重道远。1881年，法国物理学家阿松瓦尔提出，海洋吸收并储存太阳能，可以利用海洋表层与深层之间的温差来推动机械装置运转。

海洋温差能来源于太阳能。海洋的体积如此之大，所以海水容纳的热量是巨大的。专家们估计，单在美国的东部海岸由墨西哥湾流出的暖流中，就可获得美国1980年用电量75倍的电能。

1979年，美国MINI-OTEC号海水温差发电船，在夏威夷附近海面利用深层与表面海水21～23℃的温差，第一次得到了具有实用价值的电能。海洋温差发电正在获得突破性进展。目前，包括中国在内的很多国家都制订并开始实施海洋温差发电站计划，将大胆的能源利用设想应用于实际。

众所周知，海水是咸水，而大多数陆地表面河流里的水是淡水。在大江大河的汇入海洋的河口水域，都存在着较高浓度的海水与较低浓度淡水的盐度差。当把两种浓度不同的盐溶液倒在同一容器中时，浓溶液中的盐类离子就会自发地向稀溶液中扩散，直到两者浓度相等为止。

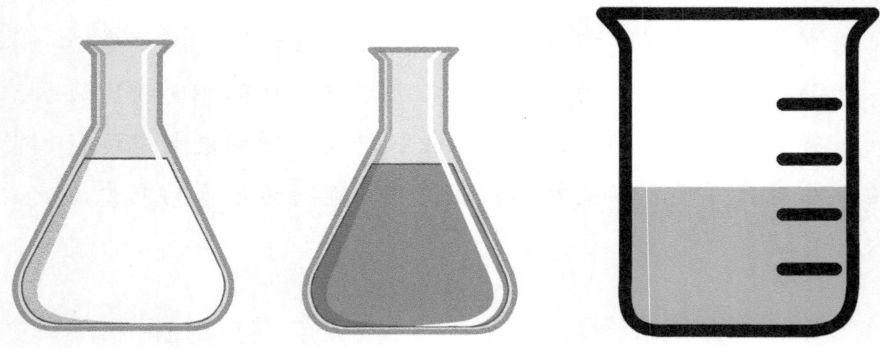

海洋盐差能发电技术，就是利用两种含盐度不同的液体之间的化学电位差来发电的。目前，海洋盐差能的研究已经开始，相信在不久的将来，就会有突破性进展。

海洋中蕴藏着巨大的能量，只要海水不枯竭，其能量就生生不息。在我们人类未来的能源体系中，海洋必定会起到不可或缺的作用。

4 生物也是一种选择？

一说到能源，大家一定会马上想到煤炭、石油、天然气这样的化石能源，或者如核能、风能这样的新兴能源。其实，除了化石能源，凡是可以做燃料的植物、微生物及动物产生的有机物质都可以形成一类能源，它们叫生物质能。

追本溯源，生物质能来源于太阳能。植物通过光合作用，将太阳能、水及空气中的二氧化碳结合起来，制造养料并不断生长。当动物食用植物，这些能量就传递给了动物。而动植物死亡以后，这些能量依然储存在它们的体内。当这些生物腐烂或者燃烧的时候，又会释放出能量。

其实，生物质能是我们人类最早利用的能源形式。

木柴就是人类最早用来生火的燃料之一。今天全世界范围仍有很多人把木柴作为燃料。

人们还从鲸鱼的身上采集油脂，用来照明。

干燥后的牛羊粪便也可以当作燃料使用。

人们还发现在沼泽地、污水沟或者粪池里有气泡冒出来，如果在这些气泡上划火柴，就能点燃，“沼气”也随之被发现。人们利用粪便、农作物的叶茎、杂草、树叶及含有有机物的废渣废液，在隔绝空气的情况下，经过微生物发酵，制造沼气，用于生产生活。

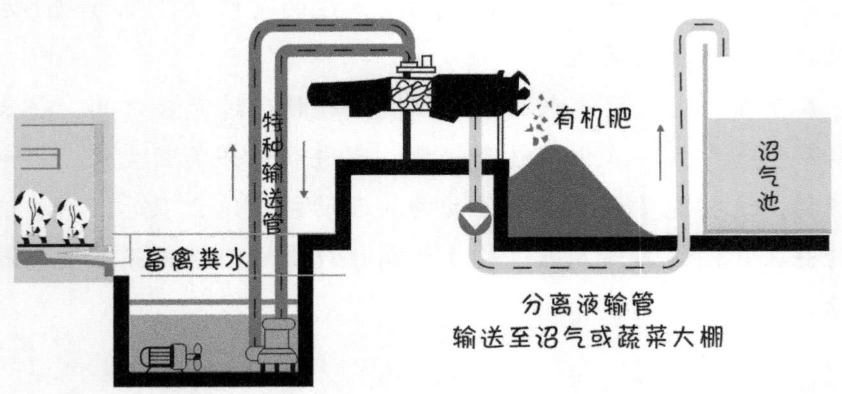

生物质能是一种可再生能源，因为生物可以通过光合作用不断生长繁衍，燃烧生物质能产生的二氧化碳会被植物吸收利用。

一开始，人们只是将生物质能转换为热能，能源利用的形式较为单一。随着技术的进步，人们开始利用生物质能发电。植物叶茎、木头碎片或者木屑，草食性动物排泄物所产生的气体，都被用于燃烧发电。燃烧后的残渣还能作为肥料再次利用。

生物质能还能为汽车提供燃料。通过发酵将玉米、甘蔗和甜菜等植物中的糖分转化为乙醇，就是一种可燃的酒精，能够驱动汽车。由亚麻籽、大豆和油菜籽加工制成的生物柴油，既可以单独使用，也可以与常规的汽油或柴油混合使用。

2014 年，德国生物质能发电量已经占可再生能源总量的 57%；美国 3% 的能量由生物质燃料提供。

此外，研究人员还发现一些植物体内产生的物质经过提取，具有液体燃料的功能，可以部分替代石油作为能源，且能够“种”出“石油”来的植物大约有 1000 种以上。我国海南省有一种油楠树，树干中能流出淡黄色或棕黄色的液体，形似柴油，无须加工就可以直接加入柴油汽车使用。很多藻类植物也含有丰富的脂类物质，可以转化形成类似柴油或汽油的物质。

从植物中提取新能源，已经成为世界各国科学家的重要研究课题之一。相信有朝一日，生物质能可以源源不断地为人类提供能源。

5 地球之外的能源矿藏在哪里?

人类只有一个地球!一旦地球的资源耗尽,人类又将何去何从?

1996 年,科学家们发现了氦-3 是一种具有非凡性能的核燃料,且氦-3 非常安全、清洁、高效,容易控制,产生的放射性物质较少。所以,即便是建在人口密集的闹市区,氦-3 核电站也是非常安全的。

科学统计表明,1500 吨氦-3 就完全可以提供全世界使用一年的能源总量。可以说,氦-3 是解决未来人类发展需求的“完美能源”。

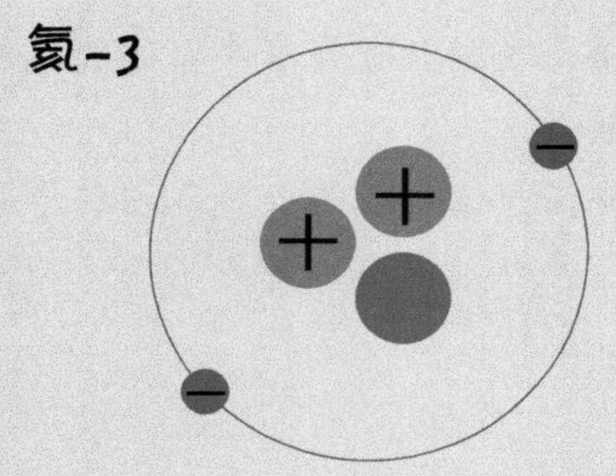

然而,氦-3 在地球上的蕴藏量很少,人类已知的容易取用的氦-3 全球只有 500 千克左右。这点量即使是做科研试验也是捉襟见肘,谈何大规模应用?

人类将目光投向了地球的卫星——月球。科学家发现氦-3 在月球上储量巨大!月球在形成至今的 40 亿年时间里,有 2 亿~ 5 亿吨的氦-3 粒子落在月球表层的土壤上。月球自身没有磁场,这才使氦-3 粒子在月球上“安营扎寨”。而地球上的氦-3 粒子在磁场的作用下,慢慢扩散,最终消失。

初步探测结果表明,月球地壳的浅层内有 100 万吨氦-3,只需加热到合适的温度,90% 以上的氦-3 就能释放出来。如此丰富的核燃料,足够人类使用约700年。

曾经有一部非常著名的科幻电影《月球》。一家名为月能工业有限公司的企业致力于月球能源的开发，并在月球上设立氦-3采集基地。采集员常驻月球，采集氦-3，定期把氦-3送回地球，氦-3成为地球人类重要的能源之一。

氦-3的发现，使得月球成为解决地球能源危机的理想之地。很多国家开启了新一轮的探月计划，围绕氦-3的储量、采掘、提纯、运输及月球环境保护等问题开展相关研究，为人类社会的可持续发展探索新的能源供应。

2014年10月，中国嫦娥五号T1试验器成功实现了绕月飞行。继美国和俄罗斯之后，中国也完成了这一壮举。探测器还带回了含有氦-3的月球土壤样本。2015年4月，我国科学家利用嫦娥三号"玉兔"月球车的测月雷达数据首次给出了较为可靠的月壤厚度估计，并修正了以往被普遍低估了的月壤厚度和氦-3总储量数据。

未来，就像《月球》电影里描述的那样，月球很有可能将成为氦-3的矿藏采掘基地。人类可以筛选月球土壤6米深处的区域，将其加热分离出氦-3气体，然后将其运回地球发电。当然，如果氦-3能在月球上直接发电，再以激光或微波形式传送给地球，那就更加方便了。

人类已经走出地球，开始了新的探索，为人类社会的可持续发展寻找更为高效、清洁、安全的能源。

参考文献

[1] 刘建平，陈少强，刘涛 . 智慧能源：我们这一万年 [M]. 北京：中国电力出版社，科学技术文献出版社，2013.

[2] 于立军，任庚坡，楼振飞 . 走进能源 [M]. 上海：上海科学普及出版社，2013.

[3] 伍德福特 . 身边的能源 [M]. 张国强，译 . 北京：科学普及出版社，2009.

[4] 凯思林 · 雷利 . 能源大揭秘 [M]. 覃杨，译 . 武汉：湖北人民出版社，2015.

[5] 奥姆 . 危险中的地球 : 未来能源 [M]. 王晶晶，姜晓莉，译 . 北京：中国环境科学出版社，2011.

[6] 帕克尔 . 未来的能源 [M]. 申屠德君，译 . 北京：科学普及出版社，2009.

[7] 赫纳曼 . 未来能源 [M]. 赖雅静，译 . 武汉：长江少年儿童出版社，2016.

[8] 褚君浩 . 十万个为什么（第六版）: 能源与环境 [M]. 上海：少年儿童出版社，2016.